BEI GRIN MACHT SICH IHR WISSEN BEZAHLT

- Wir veröffentlichen Ihre Hausarbeit, Bachelor- und Masterarbeit

- Ihr eigenes eBook und Buch - weltweit in allen wichtigen Shops

- Verdienen Sie an jedem Verkauf

Jetzt bei www.GRIN.com hochladen und kostenlos publizieren

Bibliografische Information der Deutschen Nationalbibliothek:

Die Deutsche Bibliothek verzeichnet diese Publikation in der Deutschen National-
bibliografie; detaillierte bibliografische Daten sind im Internet über http://dnb.d-
nb.de/ abrufbar.

Impressum:

Copyright © 2018 GRIN Verlag
Druck und Bindung: Books on Demand GmbH, Norderstedt Germany
ISBN: 9783668806399

Dieses Buch bei GRIN:

https://www.grin.com/document/442592

Sasche Serafimovski

Auto-MPG. Einfluss verschiedenster Kriterien auf den Benzinverbrauch eines Autos

GRIN Verlag

GRIN - Your knowledge has value

Der GRIN Verlag publiziert seit 1998 wissenschaftliche Arbeiten von Studenten, Hochschullehrern und anderen Akademikern als eBook und gedrucktes Buch. Die Verlagswebsite www.grin.com ist die ideale Plattform zur Veröffentlichung von Hausarbeiten, Abschlussarbeiten, wissenschaftlichen Aufsätzen, Dissertationen und Fachbüchern.

Besuchen Sie uns im Internet:

http://www.grin.com/

http://www.facebook.com/grincom

http://www.twitter.com/grin_com

FOM Hochschule

Sommersemester 2018

Statistik & Datenerhebung

Auto-MPG

Sasche Serafimovski

Studiengang:Wirtschaftspsychologie

2. Fachsemester

Inhaltsverzeichnis

1   Einleitung

Die nachfolgende Seminararbeit im Modul „Datenerhebung& Statistik" befasst sich mit der Forschung der Statlib Library der Carnegie Mellon University aus dem Jahre 1983. Demnach stellt das Ziel der Forschung die Analyse des Benzinverbrauchs im Stadtverkehr von Personen-kraftfahrzeugen in der Einheit miles per gallon dar. Zur Auswertung des Benzinverbrauches wurden verschiedenste Automarken und Modelle hinsichtlich der Kriterien origin, model, ac-celeration, weight, horsepower, displacement und cylinders betrachtet. Die genannten Kriterien stellen die entsprechenden Variablen des vorliegenden Datensatzes dar.

Insgesamt wurden 398 Stichproben untersucht und nach den oben beschriebenen Kriterien aus-gewertet, sodass der Benzinverbrauch im Stadtverkehr in miles per gallon für jede einzelne Stichprobe resultiert und somit verglichen werden kann.

1.1   Quelle der Daten &Einlesen der Datei

Der Datensatz „auto-mpg" ist auf der Homepage von Kaggle unter diesem Link zu finden.

https://www.kaggle.com/uciml/autompg-dataset.

Folgendes R-Paket wird benötigt, um die Analyse durchzuführen, sowie anschauliche Graphi-ken zu erhalten. Diese werden wie folgt installiert:

```
> install.packages("mosaic")
> library(mosaic)
```

Um den Datensatz einzulesen und zu veranschaulichen sind folgende Befehle erforderlich:

```
> milespergallon <-read.csv("auto-mpg.csv")
> View(milespergallon)
```

1.2   Erster Überblick der Daten

Durch den Befehl „summary (milespergallon)" verschafft man sich einen Überblick über die Variablen und deren Ausprägungen. Man erkennt, dass der Datensatz auf insgesamt neun Va-riablen basiert, die alle Ausprägungen in verschiedenen Höhen aufzeigen.

```
> summary(milespergallon)
      mpg          cylinders      displacement      horsepower
 Min.   : 9.00   Min.   :3.000   Min.   : 68.0   Min.   : 46.00
 1st Qu.:17.50   1st Qu.:4.000   1st Qu.:104.2   1st Qu.: 75.25
 Median :23.00   Median :4.000   Median :148.5   Median : 92.50
 Mean   :23.51   Mean   :5.455   Mean   :193.4   Mean   :104.27
 3rd Qu.:29.00   3rd Qu.:8.000   3rd Qu.:262.0   3rd Qu.:125.00
 Max.   :46.60   Max.   :8.000   Max.   :455.0   Max.   :230.00

     weight        acceleration     model.year        origin
 Min.   :1613   Min.   : 8.00   Min.   :70.00   Min.   :1.000
 1st Qu.:2224   1st Qu.:13.82   1st Qu.:73.00   1st Qu.:1.000
 Median :2804   Median :15.50   Median :76.00   Median :1.000
 Mean   :2970   Mean   :15.57   Mean   :76.01   Mean   :1.573
 3rd Qu.:3608   3rd Qu.:17.18   3rd Qu.:79.00   3rd Qu.:2.000
 Max.   :5140   Max.   :24.80   Max.   :82.00   Max.   :3.000

            car.name
 ford pinto     :  6
 amc matador    :  5
 ford maverick  :  5
 toyota corolla :  5
 amc gremlin    :  4
 amc hornet     :  4
 (Other)        :369   [...]
```

Mit Hilfe des Befehls „str(milespergallon)" können außerdem die Anzahl der Stichproben, sowie die Anzahl der Variablen angezeigt werden. Bei diesem Datensatz zählen wir 398 Stichproben, sowie neun Variablen.

```
> str(milespergallon)
''data.frame':      398 obs. of  9 variables:
 $ mpg         : num   18 15 18 16 17 15 14 14 14 15 ...
 $ cylinders   : int   8 8 8 8 8 8 8 8 8 8 ...
 $ displacement: num   307 350 318 304 302 429 454 440 455 390 ...
 $ horsepower  : int   130 165 150 150 140 198 220 215 225 190 ...
 $ weight      : int   3504 3693 3436 3433 3449 4341 4354 4312 4425 3850 ...
 $ acceleration: num   12 11.5 11 12 10.5 10 9 8.5 10 8.5 ...
 $ model.year  : int   70 70 70 70 70 70 70 70 70 70 ...
 $ origin      : int   1 1 1 1 1 1 1 1 1 1 ...
 $ car.name    : Factor w/ 305 levels "amc ambassador brougham",..: 50 37 232
15 162 142 55 224 242 2 ...
 [...]
```

Außerdem zeigt dieser Befehl an, welches Skalenniveau die Variablen besitzen. Der Punkt „int" steht für „integer" (ganze Zahlen), der Punkt „num" definiert numerische Daten. Der Punkt „Factor" stellt verschieden Ausprägungstypen dar.

2 Datenüberblick

Der Aufbau des Datensatzes wird durch folgende Variablen bestimmt:

1. MPG: Gibt die erreichte Entfernung in Meilen und somit den Benzinverbrauch eines Autos wider.

2. Cylinders: Gibt die Zylinderanzahl der Motoren der verschiedenen Autos an.

3. Displacement: Gibt den Hubraum des Motors in kubikinch an.

4. Horsepower: Gibt die Pferdestärken des Motors in PS an.
5. Weight: Gibt das Gewicht der Autos in Pfund an.
6. Acceleration: Gibt die Beschleunigung des Autos für 0-60 Meilen pro Stunde in Sekunden an.
7. Model.Year: Gibt das Baujahr des Autos an.
8. Origin: Gibt die Herkunft der Automarke an, wobei 1 für eine amerikanische Automarke steht, 2 für eine europäische Automarke und 3 für eine asiatische Automarke.
9. Car.Name: Gibt den Namen der Automarke, sowie den jeweiligen Modellnamen an.

Bei näherer Betrachtung des Datensatzes fällt auf, dass insgesamt sechs Werte der Variablen Horsepower fehlen. Diese wurden durch entsprechendes recherchieren sinnvoll ergänzt. Somit befinden sich im vorliegenden Datensatz keinerlei fehlenden Daten mehr.

2.1 Variable MPG-Miles per Gallon

Wie bereits beschrieben zeigt die Variable „mpg"=Miles per Gallon die zurückgelegte Distanz eines Automobiles mit der Befüllung von einem Gallon Benzin und somit den Benzinverbrauch an. Der Befehl „favstats" ermöglicht einen ersten Überblick über die Beobachtungen der Variable „mpg" zu verschaffen.

```
> favstats(~mpg,data=milespergallon)
 min  Q1 median Q3  max    mean      sd  n missing
   9 17.5     23 29 46.6 23.51457 7.815984 398       0
```

Es ist erkennbar, dass die Zahl 9 das Minimum und der Wert 46,6 das Maximum darstellen. Darüber hinaus ist auffallend, dass der Median und der Mittelwert sehr nah beieinander liegen, was daraus schließen lässt, dass es keine großen Ausreißer gibt. Außerdem lässt sich der Interquartilsabstand berechnen, indem man Q3 mit Q1 subtrahiert. So kommt man zu dem Ergebnis, dass der IQR 11,5 beträgt. Die Standardabweichung wird im output durch sd angezeigt. Dies bedeutet, dass die durchschnittliche Abweichung zum Mittelwert 7,8115984 beträgt. Insgesamt sind 398 Stichproben enthalten, wobei kein Wert fehlt.

Mit Hilfe eines Boxplots visualisieren wir nun die Werte des oben generierten outputs. Dafür benutzt man folgenden Befehl.

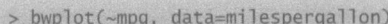

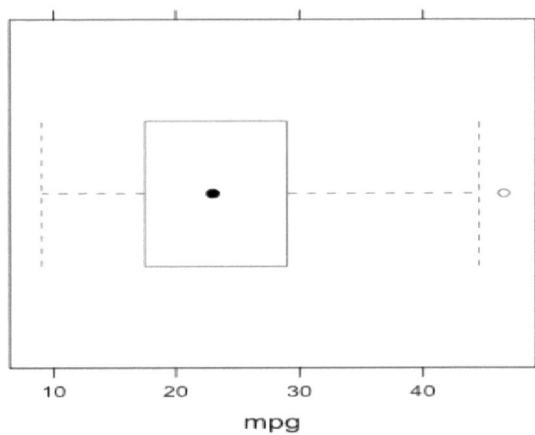

Mit Hilfe dieses Boxplot kann man feststellen, dass einige Ausreißer in der Stichprobe vorhanden sind. Der Median, der durch den schwarzen Punkt innerhalb der Box dargestellt wird, liegt somit bei 23.

Die Antennen auf der linken und rechten Seit verdeutlichen jeweils den Minimalbetrag, sowie den Maximalbetrag. Der ermittelte Wert für das IQR von 11,5 gibt den Abstand an, in dem sich die Werte innerhalb der Box befinden.

2.2 Variable Cylinders

Die Variable „cylinders" gibt die Zylinderanzahl des Motors des Automobils wider. Um uns einen Überblick zu verschaffen benutzt man den Befehl „favstats".

```
> favstats(~cylinders, data=milespergallon)
 min Q1 median Q3 max     mean       sd  n missing
   3  4      4  8   8 5.454774 1.701004 398       0
```

Hieraus ist ersichtlich, dass das Minimum bei 3 liegt und das Maximum bei einem Wert von 8. Der Median entspricht dem Wert 4, während der Mittelwert 5,45 beträgt . Dies bedeutet, dass Ausreißer im dritten und vierten Quartil vorhanden sind. Der Median ist robuster gegen Ausreißer, als der Mittelwert. Um die Variable zu visualisieren wird folgender Befehl verwendet.

```
> bargraph(~cylinders, data=milespergallon, type="percent")
```

Bei der Abbildung wurde eine prozentuale Darstellung gewählt, damit die relative Verteilung besser dargestellt wird.

Mit Hilfe des Befehls „bargraph" kann nun erkenntlich gemacht werden, dass 50% der Stichproben eine Zylinderanzahl von 4-Zylindern hat. Außerdem ist es ersichtlich, dass nur wenige Stichproben eine ungerade Zylinderanzahl haben.

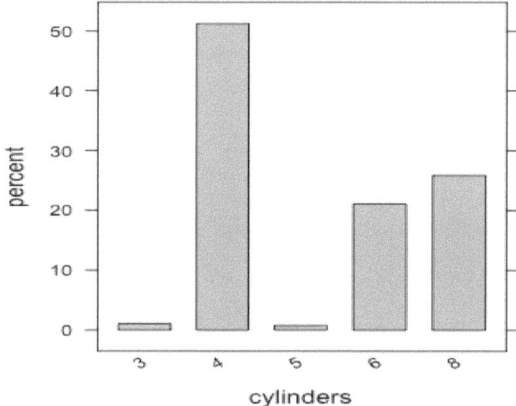

2.3 Variable Displacement

Der Hubraum des Motors wird in diesem Datensatz numerisch in Kubikinches angegeben. Der Befehl „favstats" ermöglicht erneut einen Überblick über die entsprechende Variable.

```
> favstats(~displacement, data=milespergallon)
 min    Q1 median  Q3 max    mean       sd   n missing
  68 104.25  148.5 262 455 193.4259 104.2698 398       0
```

Der Mindestwert für die Variable „displacement" beträgt 68, während der Maximalwert dem Wert 455 entspricht. Das erste Quartil liegt bei 104.25, während das dritte Quartil bei 262 liegt. Außerdem sind der Median und der Mittelwert nah beieinander, was bedeutet, dass wenige Ausreißer vorzufinden sind.

Das nachfolgende Histogramm illustriert die Variable „displacement" an Hand der Dichtefunktion an. Es lässt sich eine eine linkssteile Verteilung bei der Variable „displacement" feststellen, was darauf schließen lässt, dass ein starker Fokus im niedrigen Wertebereich der Hubraumleistung vorliegt.

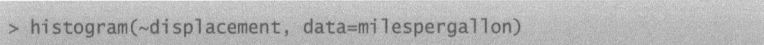

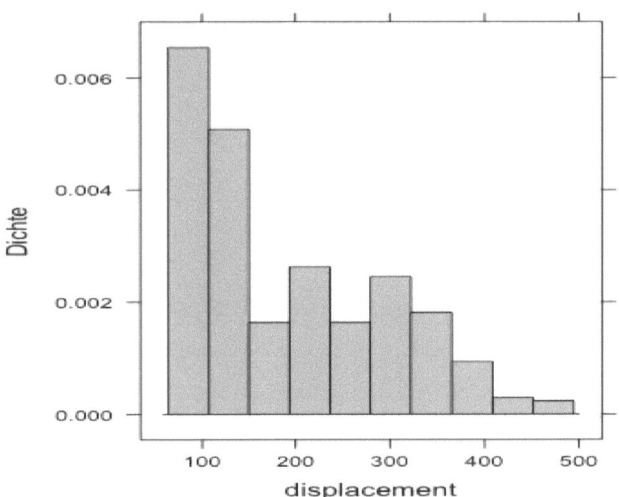

2.4   Variable Horsepower

Die Variable „horsepower" zeigt die Leistung des Motors in der Einheit Pferdestärke an. Der Befehl „favstats" ermöglicht erneut einen Überblick über die entsprechende Variable Horsepower.

```
favstats(~horsepower, data=milespergallon)
 min    Q1 median  Q3 max     mean       sd   n missing
  46 75.25   92.5 125 230 104.2663 38.35515 398       0
```

Der verwendete Befehl „favstats" gibt einen Überblick über die Messwerte der Variable. Der Minimalwert beträgt 46, während der Maximalwert bei 230 liegt. Der Interquartilabstand(IQR) berechnet sich aus der Differenz des dritten und des ersten Quartils. Bei der Variable Horsepower liegt der IQR bei 49,75. Die Standardabweichung(sd) liegt bei

38,35515. Folglich nimmt die durchschnittliche Abweichung zum Mittelwert die Zahl 38,35515 ein.

```
> bwplot(~horsepower, data=milespergallon)
```

In einem Boxplot lässt sich der IQR der Variable „horsepower" visualisieren. Außerdem erkennt man mit Hilfe des Boxplots, dass es Ausreißer im oberen Bereich der Stichproben gibt.

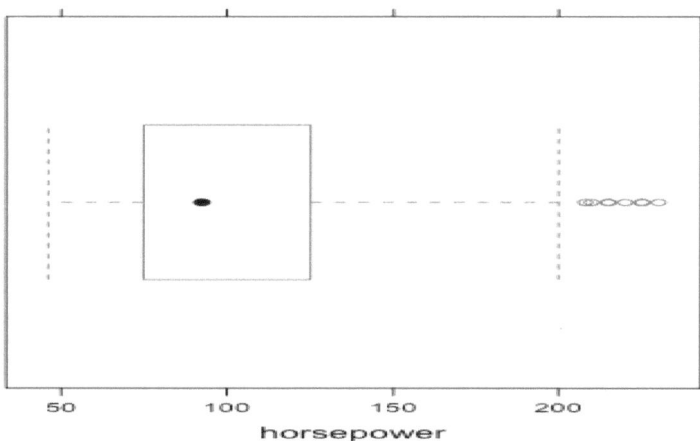

2.5 Variable Weight

Die Variable „weight" gibt das Gewicht des jeweiligen Automobils in Pfund an.

Der Befehl „favstats" ermöglicht erneut einen Überblick über die entsprechende Variable „weight".

```
> favstats(~weight, data=milespergallon)
  min    Q1 median    Q3  max     mean      sd  n missing
 1613 2223.75 2803.5 3608 5140 2970.425 846.8418 398       0
```

Der Minimalwert für die Variable „weight" liegt bei 1613, der Maximalwert bei 5140. Zur Variable „weight" fehlt kein Wert, siehe „n missing 0". Der Median liegt bei 2803,5 und der Mittelwert bei 2970,425. Daraus resultiert, dass bei der Variable „weight" wenige Ausreißer vorhanden sind. Der folgende Befehl gibt eine Übersicht über die Werte der Variable „weight". Um den prozentualen Anteil darzustellen wird folgender Befehl benutzt.

```
> histogram(~weight, data=milespergallon, type="percent")
```

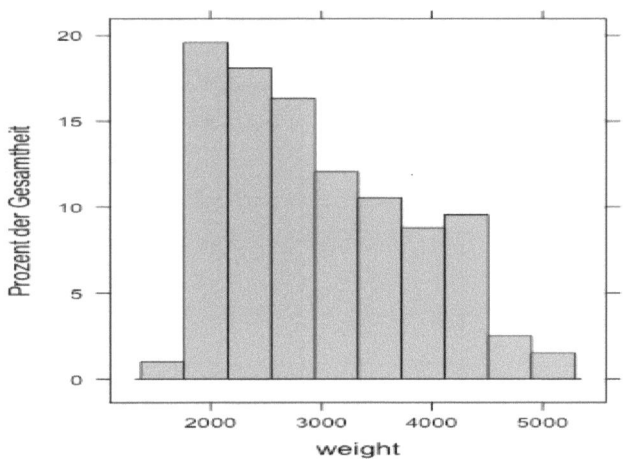

Das Histogramm zeigt auf, dass es sich um eine linkssteile Verteilung handelt, da die prozentuale Mehrheit der Werte auf der linken Seite liegen.

2.6 Variable Acceleration

Die Beschleunigung des Automobils von 0-60 Meilen pro Stunde wird in Sekunden durch die Variable „acceleration" dargestellt. Der Befehl „favstats" ermöglicht erneut einen Überblick über die entsprechende Variable „acceleration".

```
> favstats(~acceleration, data=milespergallon)
 min    Q1 median    Q3  max    mean       sd   n missing
   8 13.825   15.5 17.175 24.8 15.56809 2.757689 398       0
```

Der Mindestwert liegt bei 8, während der Maximalwert 24,8 ist. Die Standardabweichung nimmt den Wert 2,757689 ein. Dies bedeutet , dass die durchschnittliche Abweichung zum Mittelwert 2,757689 beträgt. Auffällig bei dieser Variable ist, dass der Median und der Mittelwert nahezu identisch sind. Dies zeigt auf, dass es nahezu keinerlei Ausreißer gibt und die Streubreite als gering einzuschätzen ist.

Mit Hilfe des Befehls „histogram" kann man nun die Verteilung der Variable Acceleration darstellen. Um den prozentualen Anteil der Werte für Acceleration anzugeben, benutzt man folgenden Befehl.

```
> histogram(~acceleration, data=milespergallon, type="percent")
```

Mit Hilfe des Histograms lassen sich nun durch den prozentualen Anteil die Ergebnisse für die gesamten Stichprobenwert von n=398 vergleichen. Der Befehl „favstats" ermöglicht erneut einen Überblick über die entsprechende Variable „acceleration".

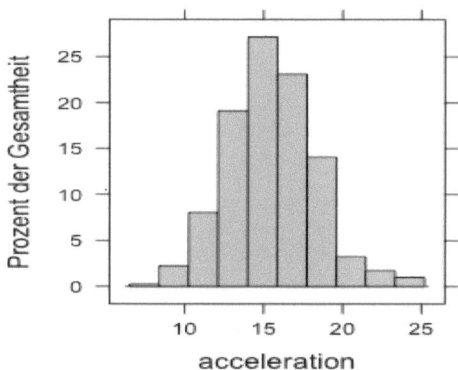

Wie man erkennen kann, liegen über 25 % der Werte im Bereich von 15. Dies erklärt auch, warum sowohl der Median, als auch der Mittelwert bei 15 oder ungefähr 15 liegen. Außerdem kann man bei der Verteilung der Variable Acceleration von einer Normalverteilung ausgehen.

2.7 Variable Model.Year

Das Modelljahr des Automobils wird durch die Werte der Variable „model.year" angezeigt. Mit Hilfe des Befehls „favstats" verschafft man sich erneut einen Überblick über die entsprechende Variable „model.year".

```
> favstats(~model.year, data=milespergallon)
 min Q1 median Q3 max     mean       sd  n missing
  70 73     76 79  82 76.01005 3.697627 398       0
```

Durch den Befehl „favstats" haben wir nun einen genauen Überblick über die Kennzahlen der Variable „model.year". Der Minimalwert liegt bei 70, das bedeutet, dass die ältesten Automobile aus dem Jahr 1970 stammen. Der Maximalwert beträgt 82, sodass das jüngste Automobil aus dem Jahr 1982 stammt. Es fehlen aus den 398 Stichproben keine Angaben bei der Variable

„model.year". Der Median der Variable liegt bei 76 und der Mittelwert bei 76,01005, sodass diese nahezu identisch sind.

```
> bargraph(~model.year, data=milespergallon, type="percent")
```

Mit Hilfe des oben genannten Befehls generieren wir ein Balkendiagramm der Variable „model.year" zwecks Visualisierung in Prozent.

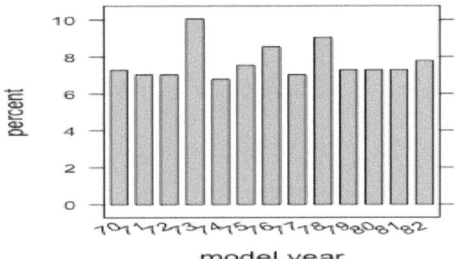

Am häufigsten vertreten ist das Modelljahr 73 mit circa zehn Prozent, sowie das Modelljahr 78 mit ungefähr neun Prozent. Insgesamt ist zu erkennen, dass der Höchstwert und der niedrigste Wert nicht sehr weit voneinander entfernt sind, was auch die Standardabweichung von sd=3,697627 belegt.

2.8   Variable Origin

Die Variable Origin gibt die kontinentale Herkunft der Automobilmarken an. Wichtig ist hierbei, dass der Wert 1 für amerikanische Automobilmarken, der Wert 2 für europäische Automobilmarken und der Wert 3 für asiatische Automobilmarken steht. Da es sich bei der Variable „Origin" um eine nominalskalierte Variable handelt verschafft man sich durch den Befehl „tally" einen Überblick über die Anzahl der Ausprägungen. Der Befehl dafür lautet wie folgt.

```
> tally(~origin, data=milespergallon)
origin
  1   2   3
249  70  79
```

Man erkennt, dass der Wert 1(amerikanische Automarke) 249-Mal, der Wert 2 (europäische Automarke) 70 Mal und der Wert 3 (asiatische Automarke) 79 Mal vorhanden sind.

Mit Hilfe eines Bargraphs visualisiert man nun den prozentualen Anteil der jeweiligen Wert der gesamten Stichprobe n=398. Dafür wird dieser Befehl verwendet.

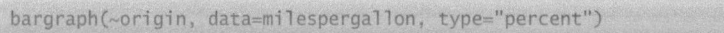

```
bargraph(~origin, data=milespergallon, type="percent")
```

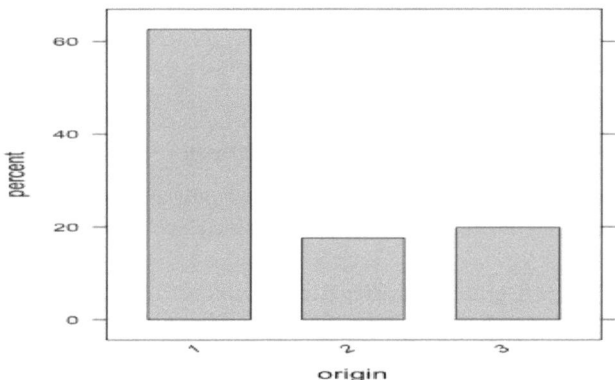

Mit Hilfe dieses Balkendiagramms kann man nun den prozentualen Anteil der Herkunft der Automarken festmachen. Es lässt sich feststellen, dass über 60% der Automarken den Wert 1 haben und demnach aus Amerika stammen. Der Häufigkeit des Wertes 2, welcher für europäische Automarken steht, liegt bei circa 17,5%. Außerdem kann man erkennen, dass der Wert 3, asiatische Automarken, bei circa 20 Prozent vorzufinden ist und somit einen höheren prozentualen Anteil als Wert 2 hat.

2.2   Variable Car.Name

Die Variable „car.name" gibt den Namen der Automarke, sowie des Modells und oft auch Aufschlüsse über die Karosserieform oder Motorenart an.

Mit Hilfe eines Ausschnitts aus dem „output" des Befehls „summary" kommt man zu folgenden Erkenntnissen für die Variable „car.name".

```
            car.name
 ford pinto    :  6
 amc matador   :  5
 ford maverick :  5
 toyota corolla:  5
 amc gremlin   :  4
 amc hornet    :  4
 (Other)       :369  [...]
```

Wie man an dem Ausschnitt des Befehls „summary" erkennen kann, haben die insgesamt 398 Stichproben nicht komplett unterschiedliche Namen. So kommt ein Ford Pinto 6-Mal vor, ein AMC Matador 5-Mal vor. Allerdings ist zu beachten, dass sich die Werte der anderen 8 Variablen trotz identischer Automobilnamen unterscheiden können.

3 Hypothesen & Analyse

Der nachfolgende Abschnitt beschäftigt sich mit der weiterführenden Analyse der explorativen Erkenntnisse. Hierzu werden 3 Nullhypothesen, sowie jeweils zugehörige Alternativhypothesen analysiert.

3.1 Hypothese 1- Lineare Regression(Variable Horsepower&MPG)

Grundsätzlich zeigt der Datensatz den Verbrauch von Fahrzeugen in „mpg" an, sodass diese Variable als abhängige Variable fungiert. Um zu prüfen, ob die unabhängige Variable „horsepower", also Pferdestärke, Einfluss auf den mpg-Wert hat, wird eine lineare Regression durchgeführt.

Somit wird folgende Hypothese aufgestellt:

H0: Es gibt keinen linearen Zusammenhang zwischen der Variable „horsepower" und dem erzielten mpg-Wert der 398 Stichproben.

HA: Es gibt einen linearen Zusammenhang zwischen der Variable „horsepower" und dem erzielten mpg-Wert der 398 Stichproben.

Zur Prüfung der der Hypothese wird eine lineare Regression durchgeführt.

```
> AUTO <-lm(mpg~horsepower, data=milespergallon)
```

Um die Regressionsinformationen aufzuzeigen wird folgender Befehl benötigt.

```
> summary(Auto)

Call:
lm(formula = mpg ~ horsepower, data = milespergallon)

Residuals:
    Min      1Q   Median      3Q     Max
-13.6120  -3.2896  -0.3806   2.7532  16.8821

Coefficients:
             Estimate Std. Error t value Pr(>|t|)
(Intercept) 39.986530   0.718507   55.65   <2e-16 ***
horsepower  -0.157980   0.006468  -24.42   <2e-16 ***
---
Signif. codes:  0 '***' 0.001 '**' 0.01 '*' 0.05 '.' 0.1 ' ' 1

Residual standard error: 4.943 on 396 degrees of freedom
Multiple R-squared:  0.601,   Adjusted R-squared:    0.6
F-statistic: 596.5 on 1 and 396 DF,  p-value: < 2.2e-16
```

Durch diesen „output" können nun Schlüsse zum Zusammenhang der Variable „horsepower"
zum mpg-Wert gefolgert werden. Der P-Wert liegt bei 2.2e-16 und ist somit kleiner als das
Signifikanzniveau von α=0,05. Daher kann die Nullhypothese abgelehnt werden. Des Weite-
ren benutzt man folgenden Befehl um die Korrelation von „mpg" zu „horsepower" zu bestim-
men.

```
> cor(mpg~horsepower,data=milespergallon)
[1] -0.7752489
```

Die Korrelation beträgt somit ca. -0,78, sodass eine stark negative Korrelation zwischen der
Variablen „horsepower" und „mpg" festzustellen ist. Um dies auch zu visualisieren erstellt
man nun mit folgendem Befehl ein Diagramm.

```
> plotModel(Auto)
```

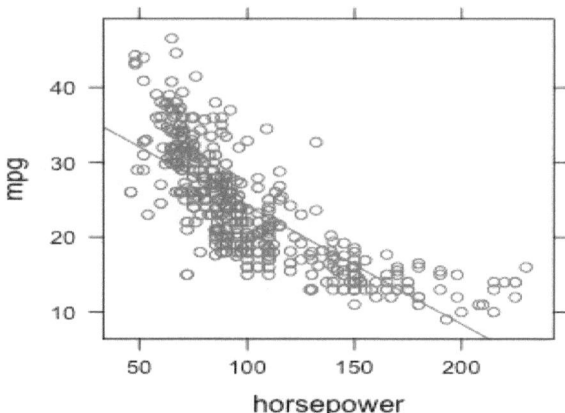

Wie man dem Diagramm entnehmen kann, handelt es sich um eine starke negative Korrelationslinie. Die Stichproben haben bei einer hohen PS-Leistung einen niedrigen mpg-Wert. Außerdem resultieren aus niedrigen PS-Leistungen hohe mpg-Werte.

An Hand dieser Erkenntnisse kann man nun H0 verwerfen!

3.2 Hypothese 2 -Inferenz eines kategorialen Anteilswertes(Variable Origin)

Der Datensatz beinhaltet jeweils Autos von drei verschiedenen Kontinenten, die durch die Variable „origin" und den jeweiligen Werten 1-3 unterschieden werden. Aufgrund der Tatsache, dass es sich um einen amerikanischen Datensatz handelt, liegt die Vermutung vor, dass der Anteil der amerikanischen Autos einen Großteil der Stichproben beinhaltet. Man bildet folgende Hypothesen.

H0: Der Anteil der amerikanischen Autos liegt bei 60%.

HA: Der Anteil der amerikanischen Autos liegt nicht bei 60%.

Um einen ersten groben Überblick über die Verteilung zu ermitteln, nutzt man folgenden Befehl.

```
> tally(~origin,data=milespergallon)
origin
  1   2   3
249  70  79
```

Aus den insgesamt 398 Stichproben sind insgesamt 249 aus Amerika, 70 aus Europa und 79 aus Asien. Um die prozentuale Verteilung der amerikanischen Autos zu prüfen wird folgender Befehl verwendet.

```
prop(~origin,success="1",data=milespergallon)
        1
0.6256281
```

Der Anteil an amerikanischen Autos liegt in unserem Datensatz also bei 62,56%.

Es stellt sich die Frage, ob unsere Stichprobe repräsentativ für die Population ist.

Um den Anteil der amerikanischen Autos an der gesamten Population zu eruieren geht man wie folgt vor.

```
> set.seed(1896)
>   bootvtlg  <-  do(10000)*prop(~origin,data=resample(milespergal-
lon),success="1")
> View(bootvtlg)
> quantile(~X1,data=bootvtlg,probs=c(0.025,0.975))
     2.5%      97.5%
0.5778894 0.6733668
```

Mit Hilfe der oben benutzten Befehle nutzen wir Resamplingtechniken, um die aufgestellte Hypothese „Der Anteil amerikanischer Autos liegt bei 60%." zu prüfen. Es wird eine Simulation auf Basis unseres Datensatzes für insgesamt 10000 Stichproben errechnet.

Durch einen Blick auf das ermittelte Konfidenzintervall (2,5% & 97,5% Quantil) erhalten wir die Möglichkeit die Verteilung in Zahlen darzustellen.

Um die Verteilung, sowie das Konfidenzintervall, zu visualisieren, benutzt man ein Histogramm, das man wie folgt generiert.

```
> KI <- quantile(~X1,data=bootvtlg,probs=c(0.025,0.975))
> histogram(~X1, data=bootvtlg, v=KI,xlab="Relative Anteil von ame-
rikanischen Autos")
```

Nun wurde ein Histogramm generiert. Mit Hilfe des Zusatzes „xlab" im Befehl können wir die Beschriftung der x-Achse ändern.

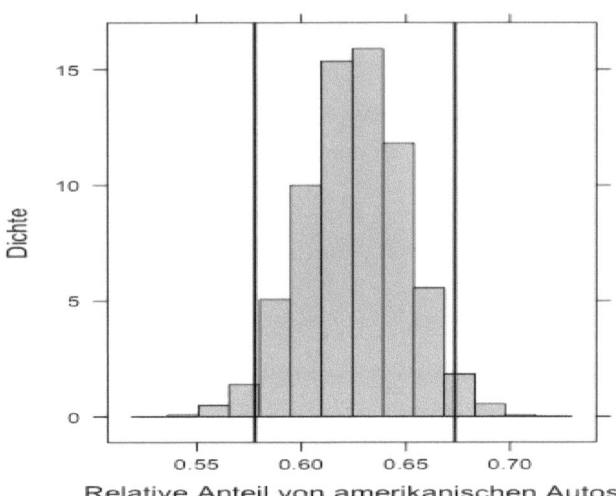

An Hand des Histogramms kann man eine normalverteilte Verteilung erkennen.

Der unterstellte Anteil der Nullhypothese von 60% der amerikanischen Autos liegt innerhalb des Konfidenzintervalls, sodass die Nullhypothese noch nicht verworfen werden kann.

Zwecks Verifizierung wird die Nullhypothese noch durch einen „prop.test" geprüft.

Hierfür wird folgender Befehl verwendet:

```
>prop.test(~origin,p=0.6,alternative="two.sided",suc-
cess="1",data=milespergallon)
        1-sample proportions test with continuity correction


data:  milespergallon$origin [with success = 1]
X-squared = 0.98503, df = 1, p-value = 0.321
alternative hypothesis: true p is not equal to 0.6
95 percent confidence interval:
 0.5758178 0.6729734
sample estimates:
   p
0.6256281
```

Durch den „prop.test" wird derjenige Output errechnet, der zur Prüfung der Nullhypothese signifikant ist. Im vorliegenden Beispiel hat man einen geringen Wert bei „p-value", dieser Wert sagt aus, wie wahrscheinlich die vorliegende Teststatistik unter H0 ist. Durch den geringen p-Wert kann H0 verworfen werden. Der Auszug „alternative hypothesis: true p ist not qual to 0.6" gibt einen Aufschluss über die Alternativhypothese. Somit kann die Alternativhypothese angenommen werden.

3.3 Hypothese 3 -Lineare Regression(Variablen Weight & MPG)

Die Variable „weight" gibt im Datensatz das Gewicht des Autos in Pfund an und fungiert als unabhängige Variable. Die Hypothese lautet wie folgt:

H0: Es gibt keinen linearen Zusammenhang zwischen der Variable „weight" und dem erzielten mpg-Wert der 398 Stichproben.

HA: Es gibt einen linearen Zusammenhang zwischen der Variable „weight" und dem erzielten mpg-Wert der 398 Stichproben.

Um zu prüfen, ob es einen linearen Zusammenhang zwischen der unabhängigen Variable „weight" und der abhängigen Variable „mpg" gibt, wird eine lieare Regression durchgeführt.

```
> Gewicht <-lm(mpg~weight, data=milespergallon)
```

Um einen Überblick über die Regressionsinformation zu erhalten, wird der Befehl „summary" verwendet.

```
> summary(Gewicht)

Call:
lm(formula = mpg ~ weight, data = milespergallon)

Residuals:
    Min      1Q  Median      3Q     Max
-12.012  -2.801  -0.351   2.114  16.480

Coefficients:
              Estimate Std. Error t value Pr(>|t|)
(Intercept) 46.3173644  0.7952452   58.24   <2e-16 ***
weight      -0.0076766  0.0002575  -29.81   <2e-16 ***
---
Signif. codes:  0 '***' 0.001 '**' 0.01 '*' 0.05 '.' 0.1 ' ' 1

Residual standard error: 4.345 on 396 degrees of freedom
Multiple R-squared:  0.6918,  Adjusted R-squared:  0.691
F-statistic: 888.9 on 1 and 396 DF,  p-value: < 2.2e-16
```

Mit Hilfe des „outputs" kann man nun Hinweise erkennen, die darauf schließen, ob ein Zusammenhang zwischen der Variable „weight" und der Variable „mpg" vorzufinden ist. Es liegt ein niedriger P-Wert vor mit 2.2e-16, welcher kleiner als das Signifikanzniveau von $\alpha=0,05$ ist.

Nun ermittelt man die Korrelation der beiden Variablen.

```
> cor(mpg~weight,data=milespergallon )
[1] -0.8317409
```

Es konnte eine Korrelation von ca. -83,17% ermittelt werden. Die Korrelation ist zwar negativ, allerdings korrelieren beide Variablen zueinander. Um dies zu visualisieren generieren wir folgendes Streudiagramm.

```
plotModel(Gewicht)
```

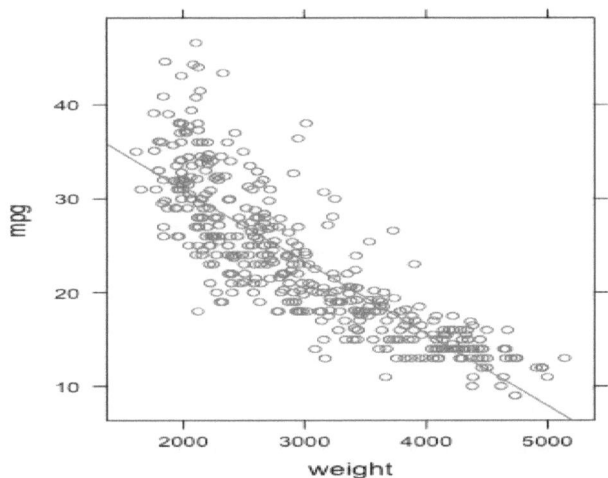

Durch das Streudiagramm erkennt man nun, dass es einen Zusammenhang zwischen dem Gewicht der Fahrzeuge (Variable „weight") und Spritverbraucht(mpg) gibt. Je höher das Gewicht ist, desto niedriger ist deren mpg-Wert. Die Regressionslinie illustriert die negative
Korrelation der Variablen.

Zusammenfassend kann auf Basis der Erkenntnisse aus dem R Outputs, sowie der Visualisierung mit Hilfe eines Streudiagramms, die Nullhypothese verworfen werden. Der niedrige p-
Wert, sowie die stark negative Korrelation, geben Aufschluss darauf, dass man die Nullhypothese verwerfen kann.

4 Fazit

Insgesamt konnten auf Basis der Stichproben (n=398) und der neun Variablen signifikante Erkenntnisse für die Automobilindustrie in Amerika vollzogen werden. Es wurde primär der
MPG-Wert, also der Benzinverbrauch, im Stadtverkehr der 398 Stichproben beobachtet. Mit
Hilfe des Programms R Studio, sowie dem Datensatz „auto-mpg", konnten folgende Analyse-
formen durchgeführt werden:

-Lineare Regression
-Inferenz eines kategorialen Anteilswertes

Hierfür wurden die Variablen „mpg"(Benzinverbrauch), „origin"(Herkunft), „weight"(Gewicht) und „horsepower"(Pferdestärken) geprüft.

Resümierend kann festgestellt werden, dass:

1. Es einen starken Zusammenhang zwischen der PS-Zahl des Motors eines Autos, sowie
    dem Benzinverbrauch gibt.

2. Der Anteil der amerikanischen Autos in einer Population von 10000, mit Basis unserer
    Daten, über 60% liegt.

3. Ein starker Zusammenhang zwischen dem Gewicht eines Autos und dem Benzinver-
    brauch vorhanden ist.

Mit Hilfe der generierten Erkenntnisse konnten für die damalige, sowie für die heutige Automobilindustrie wichtige Informationen erörtert werden. Zur Zeit der Veröffentlichung des Datensatzes,1983, hatte man bereits zwei Ölpreiskrisen (1973 & 1979) bewältigt. Die damaligen
amerikanischen Autos waren dafür bekannt Motoren mit einem hohen Hubraum und einer hohen PS-Zahl zu besitzen, wohingegen die asiatischen und europäischen Automobilhersteller
Motoren verwenden, die einen niedrigen Hubraum, sowie eine geringe PS-Zahl aufweisen.
Durch den hohen Verbrauch der amerikanischen Autos wurden Autos von Übersee für die
amerikanische Bevölkerung immer interessanter. Im Jahr 2018 stehen insbesondere Themen,
wie zum Beispiel die niedrigen Emissionswerte, alternative Antriebe, sowie die Senkung der
Benzinverbräuche im Vordergrund. Da der Datensatz bereits 25 Jahre alt ist, wäre eine Gegen-
überstellung der verschiedenen Variablen des Datensatzes „auto-mpg" auf die heutigen Auto-
modelle aufschlussreich.